U0003031

狗狗
想要說什麼

超可愛！汪星人肢體語言超圖解

程麗蓮 LILI CHIN　著｜黃薇菁 VICKI HUANG　譯

作者暨繪者

程麗蓮
（Lili Chin）

程麗蓮是以創作與狗有關的藝術而聞名的藝術家。她曾為許多訓犬專業人士及動物福利團體畫過狗狗肢體語言的圖片，作品曾出現於「預防狗咬」宣導活動、訓練書籍及博物館展覽裡。她的「世界的狗」系列海報在世界各地廣受歡迎，而「狗狗語言」海報已翻譯成多種語言，被全世界的動物救援組織及收容所採用。

譯者

黃薇菁
（Vicki Huang）

Vicki 響片訓練課程講師、KPA 認證響片訓練師、TTouch 療癒師、狗狗行為＆訓練書籍譯者。

曾翻譯《別跟狗爭老大》、《別斃了那隻狗！》、《狗狗在跟你說話！完全聽懂狗吠手冊》、《狗狗在跟你說話！2 如何看懂毛小孩肢體語言》等書，設有「動物的事・響片訓練」部落格，希望把更多有益人與寵物關係的資訊介紹給大眾。

謹以這本書獻給波吉（Boogie）
牠是我的老師及靈感來源

歡 迎
各位愛狗人士！

多年前，我正在觀看自己訓練愛犬波吉的影片。我已經看過這個影片多次，但這次我注意到，在我猛扯了波吉項圈之後，牠打了個呵欠並且舔舔嘴唇。先前觀看時我專注於波吉對於坐下口令的反應，以致完全錯失這些訊號。

在我閱讀挪威訓練師吐蕊・魯格斯（Turid Rugaas）的著作《與狗對話──認識犬類安定訊號》（*On Talking Terms With Dogs*，譯註：中文版書名為《狗狗在跟你說話！2 如何看懂毛小孩肢體語言》）之後，我這次注意到了，也理解「打呵欠」和「舔嘴唇」顯示牠不自在，而且是波吉因脖子上項圈壓力所出現的反應。這個體悟令我大開眼界，從此以後我再也無法對這些訊號視而不見。

為了成為我的狗更棒的飼主，我決心學習更多狗狗肢體語言。令我訝異的是，大眾文化對於這些資訊竟不甚了解，我遂以自己的畫作與其他愛犬人士分享所學。

在過去十年的畫家生涯裡，我很榮幸為許多訓犬專業人士及動物福利團體畫過狗狗肢體語言的圖片，我的作品曾出現於「預防狗咬」宣導活動、訓練書籍及博物館展覽裡，我的「狗狗語言」（Doggie Language）海報已翻譯成多種語言，被全世界的動物救援組織及收容所採用。它們共同的重要訊息是，學習了解狗狗的肢體語言，我們便能成為更負責的狗狗守護者暨照料者，可以避免對我們的同伴動物造成傷害，也知道牠們何時需要協助。

科學證實，狗狗是能夠思考、具有感受的社會性個體。如同人類，狗狗感受得到恐懼、憤怒、快樂、悲傷及驚訝，

牠們有自己的好惡，有可能感到困惑或矛盾。當狗狗進行社交，牠們會竭盡所能維持平和，避免衝突，如同我們一樣。

人類不同於狗狗的地方在於，我們溝通時喜歡有肢體碰觸（擁抱及握手），也會直視對方眼睛。許多人也許意想不到，狗狗無時無刻都使用視覺溝通，牠們不需要吠叫或碰觸身體就可以讓彼此及我們，明白牠們不喜歡什麼、能夠自在接受什麼，以及絕對非常享受的事情是什麼。

當狗狗告訴我們某件事對牠來說太過度（例如太近、太大聲、太直接、動作太快太多或太詭異），倘使我們錯誤解讀牠的肢體語言，我們可能會在不經意之下使情況變本加厲，增加牠承受的壓力。當較為微妙的溝通訊號全無作用，狗狗通常才會採取萬不得己的最後手段，表現低吼、開咬或打起架來。

所幸，時代在改變，世界各地的愛犬人士越來越了解狗狗的肢體語言，也更知道如何抱持著同理心去聆聽及溝通。我希望本書對於自我學習這些知識有所貢獻，當我們停止對狗狗頤指氣使，表現出我們看得見也尊重狗狗的訊號，如同有禮貌的友善狗類，我們所建立起來的對話將是狗狗非常樂見的！

以文字描述狗狗肢體語言的所有細節並不容易，所以本書圖片旨於協助你知道要觀察哪裡，以及如何區分相近的表

達方式。在你比較不同圖片時可以看到它們的主要差異，提供情境資訊可納入考量。舉例來說，喘著氣的嘴巴看起來像在「微笑」，但如果你同時留意到放大的瞳孔、皺起的額頭、往後貼平的雙耳以及「勺狀的舌頭」，它其實顯示的可能是焦慮。

即使你的狗看起來不像我畫筆下的任何一隻狗狗（畢竟全世界的各式犬種和外型種類就超過四百種），書中圖片應該依然有助你在自家狗狗身上辨識出這些訊號。

我真心相信，當我們對於眼前所見了解越多，我們越能學會看見，而且當我們越常練習觀察及「聆聽」我們最好的朋友，我們將越有能力協助牠們感到安全、自信及快樂！

Lili 程麗蓮

謹記：

觀察整個身體

除了觀察個別身體部位以外，永遠都要觀察狗狗全身狀態，狗狗的整體姿態和動作看起來是什麼樣呢？

感受因情境而異

狗狗的肢體語言告訴我們牠的感受，但是我們若沒有考量情境即無法綜觀全局。當下是什麼情況？狗狗為了因應現況，牠的肢體語言有何改變？

每隻狗都是獨特個體

狗狗的表達方式也依年齡、健康、犬種、外型及個別獨特的過往經驗而異，幼犬的溝通方式不同於成犬，不同狗狗對於同一情況自然可能有不同反應。

1.

永遠要觀察
我的整個身體

2.

永遠要
檢視情境

3.

每個狗狗
都是
獨特個體

目錄

打招呼

狗狗遇到朋友（無論新舊）的可能反應

打招呼式的伸展

可觀察到：

- 緩慢伸展身體，站在地上做或搭在人身上做
- 眼神柔和，耳朵放鬆

你的狗可能感覺：

- 快樂

打招呼

開心的招呼

可觀察到：

- 臉部和身體放鬆
- 動作沒有緊繃感
- 蹦蹦跳跳的步態
- 屁屁搖擺得很厲害，尾巴大幅度搖動

你的狗可能感覺：

- 有興趣
- 極為開心
- 「哈囉，朋友！」
- 「我太開心了，不咬著我的玩具不行！」

見到你
真是開心!!!

打招呼

歪頭

可觀察到：

- 頭偏向一側
- 耳朵朝前
- 關切的眼神

你的狗可能感覺：

- 有興趣
- 好奇或驚訝
- 「蛤？」

啾
啾!

打招呼

聞屁屁

可觀察到：

- 鼻子接近屁股

你的狗可能感覺：

- 好奇
- 需要獲取資訊
- 如果短暫聞聞屁屁，兩隻狗狗便自由活動，這個行為即是友善的打招呼方式（聞屁屁聞很久可能就是沒禮貌的行為）。
- 每隻狗的肢體語言會告訴你兩犬的互動如何

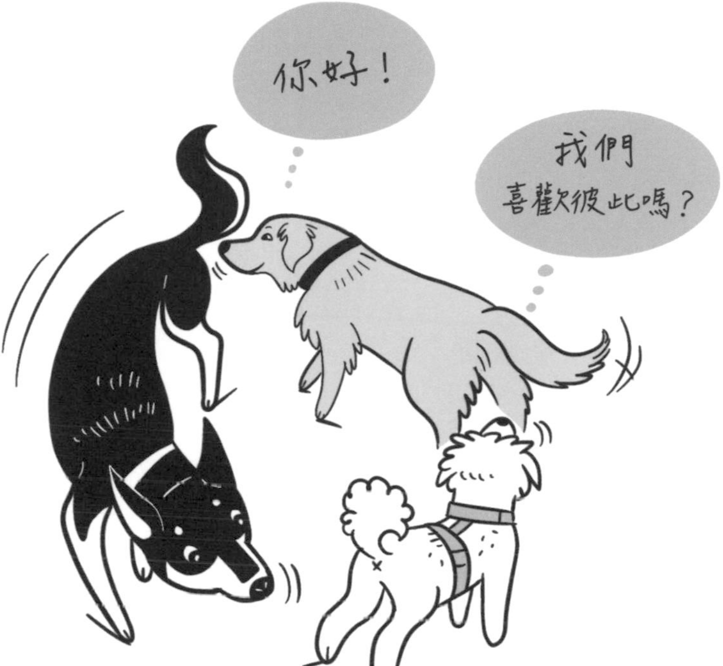
你好！
我們
喜歡彼此嗎？

打招呼

友善式碰鼻

可觀察到：

- 從對方的側面或繞個半圈地接近對方
  （而不是直接走到對方面前）
- 眼神柔和，耳朵放鬆
- 鼻子對鼻子
- 身體放鬆

你的狗可能感覺：

- 好奇
- 自在
- 「你好嗎？」

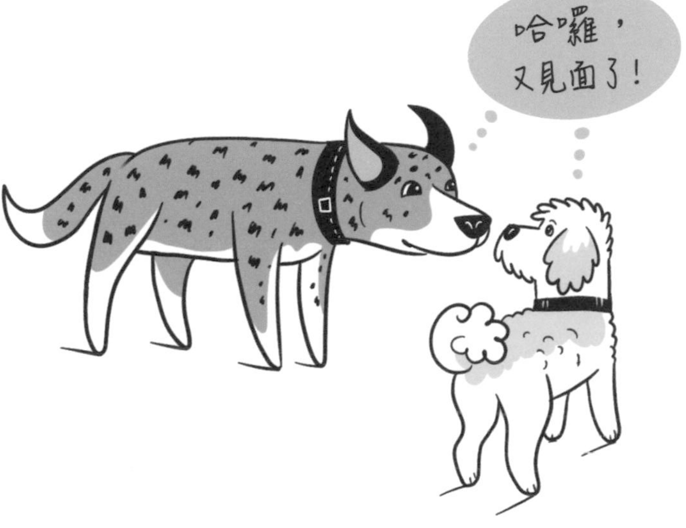
哈囉，
又見面了！

眼睛

我們訓練狗狗直視我們的眼睛，但是在狗的世界裡，不直視對方的眼睛其實才有禮貌。

眼神柔和

可觀察到：

- 眼睛呈圓弧狀
- 不直視眼睛
- 耳朵、嘴巴和身體都是放鬆的

你的狗可能感覺：

- 開心，平和的
- 無意衝突

盯視

可觀察到：

- 長時間直視對方眼睛
- 耳朵朝前，嘴部緊繃
- 身體僵直或靜止不動

你的狗可能感覺：

- 擔心或惱怒
- 有意衝突
- 盯視可能是狩獵跟蹤行為的一部分（見38頁）

眼神亲和
眼睛沒有直視

耳朵放鬆

開心的嘴巴

肌肉放鬆

鎮定目標

盯視
超過兩秒

靜止不動，
緊繃

嘴唇往前嘟，
開著嘴巴

眼睛

幼犬眼睛或「眉頭上揚」

可觀察到：

長時間直視對方眼睛

眉毛挑起

耳朵朝前

你的狗可能感覺：

「當我這麼做，我就會獲得……」

「當我這麼做，主人……」

雖然在狗狗的世界裡，長時間盯視是無禮的，但在我們的世界裡，狗狗學會眼神直視可使人類做事。

常被錯誤解讀為「愧疚」或「餓壞了」

眼睛

眨眼

可觀察到：

- 眼睛瞇瞇的或眨眼
- 避免直視眼睛

你的狗可能感覺：

- 不舒服，此時某事或某人的刺激太過強烈。
- 「請放輕鬆。」
- 眨眼次數越多可能意謂越不舒服，當狗狗把身體偏移一側，遠離對方，牠可能有疼痛的感受。

眼睛

「鯨魚眼／露出眼白」

可觀察到：

- 瞳孔放大，露出眼白
- 眼睛聚焦的方向與頭的朝向相反
- 身體定格不動

你的狗可能感覺：

- 情緒衝突或受困
- 要戰或要逃？
- 「怎麼做才能逃走？」
- 「請給我空間／請離我遠一點！」

眼睛

不同類型的眼睛

有些犬種的眼睛較大也較圓或皺著眉，看起來可能像盯著人看或處於壓力，實際則不然。

如果狗狗體型太小，或者有毛髮或皮膚皺摺遮蓋眼睛，以致不易觀察到眼睛，這時觀察全身狀況即更為重要！

姿勢

從狗狗全身姿勢及動作的改變，我們可看出很多狗狗的情緒。

放鬆的，無憂無慮的

可觀察到：

- 臉部和身體不緊繃
- 重心平衡
- 輕鬆移動

你的狗可能感覺：

- 無憂無慮
- 對於周遭環境樂在其中
- 沒有特別聚焦在什麼事情上
- 只是閒晃

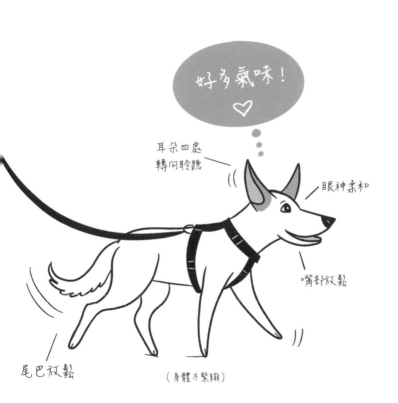

姿勢

警醒，有興趣

可觀察到：

- 耳朵朝前豎起
- 頭和身體前傾
- 尾巴上揚

你的狗可能感覺：

- 有興趣
- 驚訝
- 好奇
- 周遭環境裡出現某個改變
- 肢體語言的其他細節將顯示狗狗是好奇或擔心

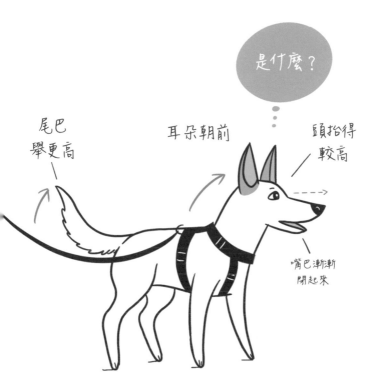

姿勢

狩獵跟蹤行為

可觀察到：

- 頭和胸部俯低
- 耳朵朝前
- 眼睛盯視
- 整個身體匍匐前進

你的狗可能感覺：

- 專心一意
- 蓄勢待追
- 「我要去抓你！」
- 跟蹤是狗狗天生自然的行為，依情境而定，可能會極度嚴重，或者是遊戲的一部分。
- 對一些牧羊犬種來說，跟蹤是工作項目之一。

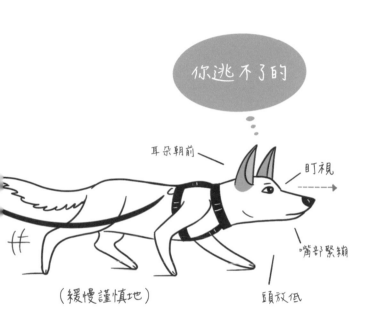

姿勢

不確定／缺乏自信

可觀察到：

- 身體前端漸漸往前，但重心仍放在後半身
- 頭和耳朵放低

你的狗可能感覺：

- 不確定
- 謹慎小心
- 情緒衝突：要進或退呢？
- 需要取得更多資訊
- 蓄勢待逃
- 「我安全嗎？」
- 肢體語言的其他細節將顯示狗狗是好奇或擔心

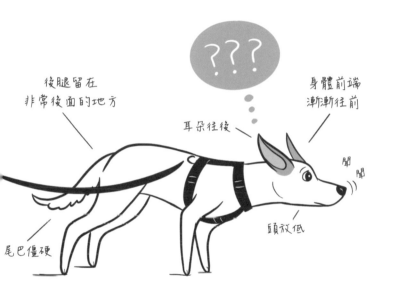

姿勢

焦慮，害怕

可觀察到：

- 身體蜷曲畏縮或偏移一側，遠離對方
- 頭放低
- 耳朵往後貼平
- 尾巴放低或夾著放低
- 身體靜止不動或定格
- 可能發著抖（天氣並不冷）

你的狗可能感覺：

- 非常不安全
- 恐懼得不知所措
- 想要迴避互動

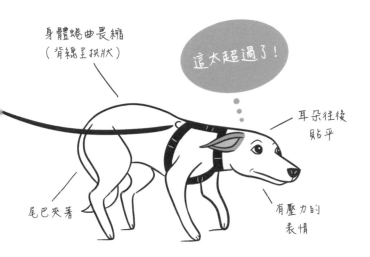

姿勢

起疑心，有威脅性

可觀察到：

- 站得高挺，身體前傾
- 眼睛盯視
- 耳朵朝前
- 嘴巴緊閉
- 尾巴高豎僵硬

你的狗可能感覺：

- 非常惱怒
- 情緒緊繃，有目的性
- 已準備好迎戰
- 「這是警告。」
- 「我有可能傷害你。」

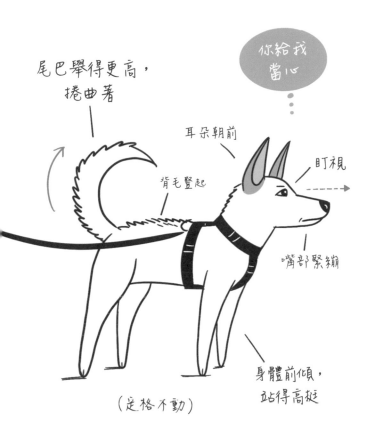

姿勢

感受到威脅，自我防禦

可觀察到：

- 身體蜷曲畏縮著或身體重心往後
- 尾巴放低或夾起來
- 嘴巴低吼露齒
- 耳朵向後貼平

你的狗可能感覺：

- 嚇壞了，想要自保
- 受困
- 準備好迎戰或逃走
- 「不要逼我傷害你！」

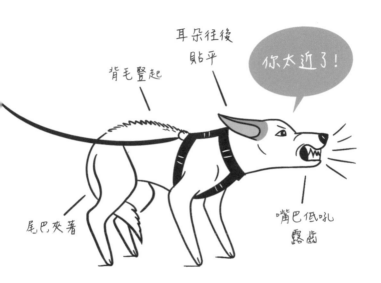

姿勢

生氣，爆發性的

可觀察到：

- 往前衝撲
- 嘴巴低吼露齒
- 背毛可能豎起

你的狗可能感覺：

- 生氣
- 感受極度壓力
- 最好的防禦就是主動出擊！

這通常是其他訊號遭到忽視，高壓情況也不見改變時才會採取的最後手段。

姿勢

瘋狂忙亂狀

常被錯誤解讀為「開心！」

可觀察到：

- 撲跳在人身上
- 往某方向暴衝
- 嘴巴表現焦慮，喘著氣或吠叫（見 54 頁）
- 臉部緊繃

你的狗可能感覺：

- 無法應對眼前情況，又感到挫折
- 「我需要更近一點！」
- 「我需要離開！」

嘴巴

狗狗的嘴部表情時常被人錯誤解讀，原因或許是牠們的利牙令人分心。以下是一些辨識要訣！

開心微笑的嘴巴

可觀察到：

- 嘴巴可能張著或放鬆地閉著
- 舌頭放著不動或放鬆
- 眼神柔和，耳朵放鬆
- 額頭平順無皺摺

你的狗可能感覺：

- 放鬆
- 開心

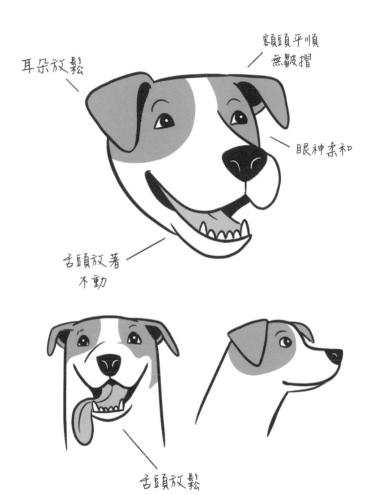

耳朵放鬆

額頭平順
無皺摺

眼神柔和

舌頭放著
不動

舌頭放鬆

嘴巴

焦慮的嘴巴

可能會誤以為是開心的嘴巴！

可觀察到：

- 嘴巴可能張開或閉著
- 嘴角往後拉，做出假笑的表情
- 舌頭變寬，呈勺狀
- 可能會喘氣
- 臉部和身體緊繃

你的狗可能感覺：

- 焦慮
- 不自在
- 挫折

嘴巴

嘴部緊繃

可觀察到：

- 嘴巴閉起來，嘴唇前噘
- 嘴部看來可能鼓鼓的
- 鬍鬚往前翹

你的狗可能感覺：

- 擔心
- 事態嚴重
- 氣惱

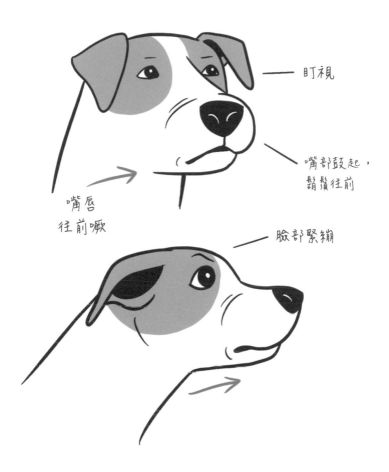

盯視

嘴部皺起，
鬍鬚往前

嘴唇
往前噘

臉部緊繃

嘴巴

低吼露齒的嘴巴

可觀察到：

- 嘴巴張開，展現上排牙齒
- 嘴唇前嘵，嘴角呈 C 狀
- 臉部和身體表現緊繃

你的狗可能感覺：

- 非常擔心或壓力很大
- 準備好迎戰
- 耳朵朝前表示感到自信（見 82 頁）
- 耳朵往後貼平表示感到嚇壞了 （見 84 頁）

皺鼻

吼~~

展現上下排
的牙齒

嘴唇往前嘟

退開！

嘴唇往前縮，
「嘴角呈C狀」

嘴巴

求和的微笑

常被錯誤解讀成「具攻擊性」或「開心」

可觀察到：

- 看起來笑得很開
- 展現上下排的牙齒
- 姿勢放低

你的狗可能感覺：

- 想交朋友，但對當時情況缺乏自信
- 「拜託，我們不要打起來！」

情緒衝突或有壓力時

狗狗對於當下情況感到不自在時所表現的訊號。

舔嘴唇或鼻子

可觀察到：

- 現場沒有食物之下，迅速舔舔嘴唇或鼻子

你的狗可能感覺：

- 擔心
- 不安
- 需要舒緩緊張
- 「請放輕鬆！」

情緒衝突或有壓力時

壓力型打呵欠

可觀察到：

- 很快打個呵欠
- 身體沒有放鬆或想睡的樣子
- 可能同時發出一個高尖的氣音

你的狗可能感覺：

- 焦慮
- 不安
- 需要舒緩緊張
- 需要避免衝突
- 「我需要脫離壓力。」

情緒衝突或有壓力時

把頭撇開

（或轉身背對）
常被錯誤解讀為「沒禮貌」或「頑固」

可觀察到：

- 把頭轉向，或把眼神撇開，不注視壓力來源。

你的狗可能感覺：

- 不安
- 困惑
- 需要舒緩緊張
- 想要有禮貌地中斷互動
- 「失陪一下。」

情緒衝突或有壓力時

嗅聞地面或挖地

可觀察到：

- 當某個人或某件事物出現，狗狗突然去嗅聞地面或挖地（地上可能什麼都沒有）。

你的狗可能感覺：

- 焦慮
- 不確定是什麼情況
- 需要轉移注意
- 想要迴避互動
- 「這太奇怪了。」
- 「不用在意我，我很無趣。」

情緒衝突或有壓力時

抓癢或舔舔

如同嗅聞或挖地，這是另一個焦慮導致狗狗行為不符合情境的例子。

可觀察到：

- 本來在做別件事，突然抓起癢來或舔自己（並非真的很癢）。

你的狗可能感覺：

- 焦慮
- 不確定是什麼情況
- 需要舒緩緊張
- 需要轉移注意

情緒衝突或有壓力時

甩動全身

可觀察到：

- 身上沒有水卻做出全身甩水的動作

你的狗可能感覺：

- 釋放壓力！
- 需要冷靜下來
- 要換做不一樣的事情了
- 在情緒緊繃的經驗發生當時或過後，狗狗會甩動全身以釋放壓力及身體的緊繃，用它來中斷社交互動也是個有禮貌的方式。
- 「不好意思，失陪一下。」
- 「夠了，謝謝！」

情緒衝突或有壓力時

全場爆衝

常被誤解為「玩得很開心！」

可觀察到：

- 突然疾速繞圈跑
- 下背部圓拱，夾著尾巴
- 可能穿插前半身下壓同時翹屁股的膜拜動作，或左跳右跳地。

你的狗可能感覺：

- 如釋重負！
- 釋放壓力！
- 在一段無聊時光、無法自由行動、歷經挑戰或過度亢奮之後，狗狗以全場爆衝的方式釋放一直受到壓抑的精力。
- 幼犬在大便之前常會全場爆衝。

屁股捲縮

情緒衝突或有壓力時

定格不動或靜止不動

（接下來不會出現嬉鬧動作）

定格不動常被誤會成「安定」

可觀察到：

- 嘴巴閉著，屏著氣
- 身體靜止不動而且緊繃
- 尾巴僵硬
- 無反應，身體動彈不得

你的狗可能感覺：

- 擔心
- 焦慮
- 恐懼
- 長時間定格不動或攤平在地上可能顯示狗狗壓力爆表，以致出現阻絕外界的關機狀態。
- 如果定格不動之後是狩獵跟蹤行為（第 38 頁），那麼狗狗感到的是自信專注。

情緒衝突或有壓力時

踱步

可觀察到：

- 無法放鬆或安定下來

你的狗可能感覺：

- 極為焦慮
- 害怕

踱步時可能也出現其他壓力徵兆：

- 流口水、喘氣、掉毛、腳底出汗及哀鳴

情緒衝突或有壓力時

身體蜷曲畏縮或躲藏

可觀察到：

- 脊椎或背部拱起，尾巴夾著
- 盡可能把身體縮小
- 可能站著或坐著

你的狗可能感覺：

- 非常害怕
- 非常哀傷
- 身體蜷曲畏縮的姿勢可能表現得輕微或極端。姿勢越圓拱蜷縮，狗狗感受到的壓力越大。

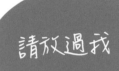

耳朵

耳朵不只用於聽覺，狗狗耳朵的柔軟度很好，非常能夠用來表達感受。

放鬆的中性耳朵

可觀察到：

- 耳朵放鬆，柔軟可動
- 中性耳朵的位置取決於犬種和耳朵類型。

你的狗可能感覺：

- 放鬆

警醒的耳朵

可觀察到：

- 耳朵上提，轉向前方

你的狗可能感覺：

- 有興趣
- 關切
- 興奮

耳朵

往後貼平的耳朵

可觀察到：

- 耳朵用力往後拉，貼平在頭上
- 有些蓋耳犬種在壓力越大的時候，耳瓣呈現越多像是「被捏起來」的皺摺。

你的狗可能感覺：

- 害怕
- 焦慮
- 哀傷

耳朵

耳朵放低／飛機耳

（別誤為往後貼平的耳朵，見第 84 頁）

可觀察到：

- 耳朵放低，往兩側或往後的方向，但沒有緊貼平在頭上。

你的狗可能感覺：

- 如果狗狗把身體偏移，迴避某個人或狗，牠便是感到不確定或憂心。
- 如果狗狗以柔和眼神接近某個人或狗，牠表達的是友善，無意對立。

遊戲！

遊戲式肢體語言

遊戲是不帶認真之意的「儀式性衝突行為」，遊戲式肢體語言看起來可能像是處於壓力中或表現出攻擊性，會突然間暫時定格不動、眼睛瞪大盯視（看似鯨魚眼，見第 30 頁）、大聲低吼、動嘴開咬並且非常誇張地展示利齒。

如果有以下情況，我們就知道狗狗是在玩。

- 互動時有來有往
- 精力旺盛程度勢均力敵
- 動作輕鬆不費力，蹦跳著
- 嘴巴和對方身體保持距離
- 動嘴但不傷到對方
- 遊戲當中有中場休息時間

遊戲！

友善的遊戲方式

更多可觀察到：

- 兩隻狗遊戲的時候，牠們可互換角色，輪流追人或被追，站在上頭或躺在下頭，咬人或被咬，輪流當「掠食者」和「獵物」。

- 體型大的狗狗和體型小的狗狗一起玩時，體型大者可能會倒地四腳朝天，讓自己變得矮一點。

遊戲！

邀玩姿勢

可觀察到：

- 前腳肘部貼地，屁屁翹高！
- 搖著尾巴

你的狗可能感覺：

- 開心
- 興奮
- 想要引人關注
- 「要玩了嗎？」
- 「要一起來嗎？」

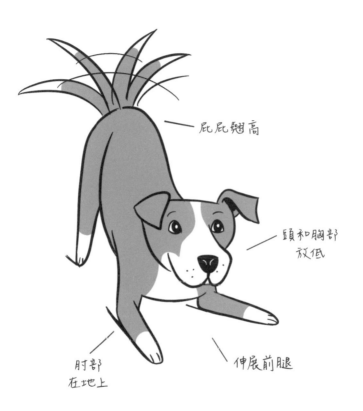

屁屁翹高

頭和胸部
放低

肘部
在地上

伸展前腿

遊戲！

玩耍臉

可觀察到：

- 誇張表現的「鯨魚眼」（眼睛變大）
- 誇張表現的張嘴動作，可露齒或不露
- 假咬（不會受傷）

你的狗可能感覺：

- 開心
- 玩得非常盡興！

如果不考量情境，玩耍臉看起來可能像有「攻擊性」或「焦慮」，但是狗狗玩耍時，開心的表情就是這樣！

記住：

如果某隻狗的壓力訊號被另一隻狗忽視，或者激烈互動卻無中場休息時間，這種遊戲就可能存在不再好玩的風險。

嘴巴張著，
嘴唇往後拉

眼睛
變大

嘴角呈 C 狀的
嘴巴

「張嘴咬著玩」

眼睛變大，
耳朵往後

嘴巴呈現圓角，
以嘴唇蓋住牙齒

遊戲！

遊戲中場休息時間

可觀察到：

- 短暫停止動作，注視其他方向
- 遠離彼此
- 甩動全身
- 嗅聞地面
- 喝水

你的狗可能感覺：

- 需要休息一下
- 喘口氣
- 充一下電，振奮精神！

遊戲中場休息時間是正常健康的，少了這些暫停遊戲的時間，狗狗的興奮情緒可能逐漸提昇成壓力及打架。

尾巴

以下說明如何觀察尾巴和身體的相對位置。

放鬆的中性尾巴

可觀察到：

- 放鬆的中性尾巴會在什麼位置取決於犬種和尾巴類型。

你的狗可能感覺：

- 放鬆
- 開心

要訣：

看看狗狗的屁股，放鬆的尾巴連接的是放鬆的屁股。

尾巴順著背線
而下

輕鬆
搖尾

天生翹高的
尾巴

沒事晃晃

天生放低的
尾巴

尾巴

焦慮放低的尾巴

可觀察到：

- 尾巴緊嵌在屁股上或夾在兩腿之間
- 有些毛蓬的捲尾可能不會完全鬆開打直或夾在兩腿之間，但是尾巴根部的位置依然放得較低。

你的狗可能感覺：

- 不確定
- 焦慮
- 害怕

尾巴的位置越低，或夾尾時尾巴彎折角度越大，狗狗越是感到焦慮或恐懼。

你太近了！

尾巴緊嵌在
屁股上

尾巴放低，
減少捲曲度

夾在
兩腿間

尾巴

警覺高舉的尾巴

可觀察到：

- 尾巴高舉——可能放鬆或僵硬
- 天生翹高的捲尾可能會朝頭部方向捲得更緊

你的狗可能感覺：

- 警醒
- 興奮或焦躁不安，依其他肢體語言的表現而定。
- 狗狗越是興奮或焦躁不安，尾巴就會舉得越高，搖得越快。

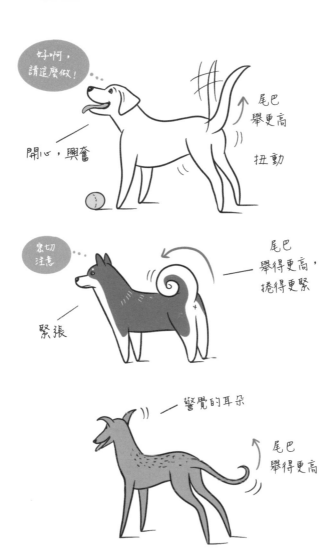

尾巴

不同的尾巴類型

- 單看尾巴無法獲知完整資訊，尤其遇到尾巴短或靈活度不佳的狗狗。

- 永遠要在考量情境之下觀察狗狗全身是否放鬆或緊繃。

中性位置

想玩

ＺＺＺＺ

想睡

警覺，
瞄定方向

放低

遲疑不決

中性位置

放鬆

沒有
尾巴

憂心

看出差異

許多看起來相似的訊號常遭錯誤解讀。解讀時，觀察狗狗全身並且檢視情境是不可或缺的。

搖尾巴

普羅大眾的說法是搖尾巴代表狗狗開心，其實這並不一定，要看看狗狗整個身體表現出什麼？

尾巴高舉搖動

- 如果臉部和身體緊繃，表示狗狗處於焦躁不安的狀況。僵硬並且小幅度搖尾巴的方式並非友善。
- 如果狗狗的屁股搖擺扭動著，表示牠處於興奮想玩的狀態。

盯視，
嘴部緊繃

尾巴捲緊

僵硬的，
小幅度搖尾

扭動，
放鬆的

看出差異

大幅度搖尾相對於小幅度搖尾

- 如果尾巴擺盪的幅度很大，這表示開心。
- 如果尾巴擺盪的幅度很小而且出現壓力訊號，這便不是開心搖尾！

繞圈式搖尾巴或稱為「直昇機搖尾」

- 身體搖擺扭動加上尾巴快速繞著大圈，便是最開心的搖尾巴方式！

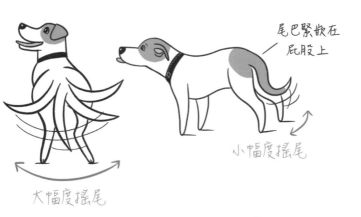

尾巴緊嵌在
屁股上

小幅度搖尾

大幅度搖尾

「直昇機搖尾」

耶!!!

看出差異

翻肚

這個示弱姿勢常被錯誤解讀成狗狗要求摸肚肚。

「我對你沒有威脅，請停手！」

- 如果狗狗側躺著，而且身體緊繃直挺，表示牠感到不確定且擔心。

四腳朝天的玩耍姿勢

- 如果狗狗四腳朝天地東滾西滾，把背攤平在地，身體放鬆扭動，表示牠感到可以信賴對方，很想玩。

要訣：

多數狗狗比較喜歡人摸身體的上半部，而非下半部的肚子！

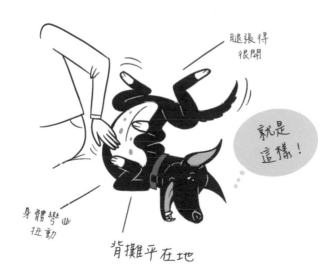

看出差異

親親

狗狗舔人常被錯誤解讀為牠想要關愛，你需要檢視牠的全身和互動才能獲得完整資訊。

愛的親親

- 如果狗狗接近時眼神柔和，輕柔地舔舔，你若不是嚐起來美味就是牠想待在你身邊。

打發式親親

- 如果狗狗舔得很用力，同時身體表現出緊繃和情緒衝突的訊號，便是牠感到焦慮，你可能離牠太近而使牠不自在。
- 「你現在可以走了。」

看出差異

抬腳

抬起一隻前腳（無論動作大小）可能有多種不同的解讀意義，以下提供的只是其中一些。

不確定，恐懼

- 如果狗狗同時出現其他焦慮徵兆，牠可能感到困惑或害怕。

期待

- 如果狗狗全身警覺，抬腳代表好奇及預期。

「陪我玩！」

- 如果抬腳搭配著歪頭和蹦跳的動作，這最有可能是在邀玩！

看出差異

安定

狗狗是真的安定或是極度恐懼？

放鬆的安定狀態

- 如果狗狗的臉和身體是放鬆的，而且能夠輕易四處移動，做些不同的事情，牠即處於安定狀態，沒有特別擔心任何事情。

阻絕外界的關機狀態

- 如果狗狗杵在定點，身體完全靜止不動或移動時異常緩慢，牠可能感到完全無能為力，或者害怕得動彈不得。這並不是健康的情緒狀態。

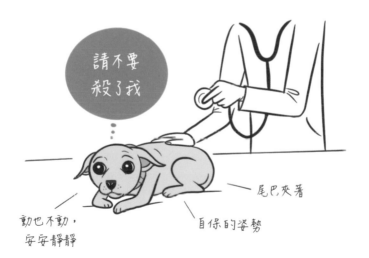

看出差異

喘氣

「我好熱！」

- 如果沒有出現壓力訊號，狗狗喘氣是為了降溫或吸入更多空氣。

壓力型喘氣

- 如果臉部和身體緊繃，這種喘氣代表焦慮。壓力型喘氣的聲音可能聽起來很乾啞。

「咧嘴大笑」

- 如果舌頭在嘴巴裡，而且用來呼吸的喘氣動作隨著遊戲互動時而停止時而開始，代表這隻狗狗正玩得很開心！

眼神
亲和

身體放鬆

喘 喘

「鯨魚眼」

耳朵
往後貼平

喘 喘

嘴唇
往後拉

「勺狀舌頭」

眼神
亲和

喘 喘 喘 喘

玩興十足
的動作

看出差異

嗅聞地面

此時情境是什麼呢？

探查或探索

● 如果某個地點有諸多氣味，狗狗嗅聞地面可能是為了獲取更多資訊、覓食或尋找特定氣味。這件事對狗狗而言既好玩有趣，也很重要。

舒緩緊張

● 如果狗狗處於某個有挑戰或不熟悉的情況，牠可能會嗅聞地面，以這種有禮貌的方式迴避互動，也安定自己。

恭喜！

你現在已經邁出了解狗狗語言的第一步。

要繼續這段旅程，請留意你最好的朋友在不同情況之下有何表現，讓牠引導你多加了解什麼事帶給牠壓力，什麼事使牠興奮，以及什麼事使牠開心！

DOGGIELANGUAGEBOOK.com

銘謝

多年來我求教的專家不勝枚舉，不可能於此一一羅列大名。我非常感謝以下人士協助我完成本書，他們皆為啟發人心的犬隻行為教育工作者及相關書籍作者。

Marjie Alonso

Eileen Anderson

Dr Sarah-Elizabeth Byosiere

Dr Amy Cook

Linda Lombardi

Sassafras Lowrey

Jennifer Shryock

Kellie Sisson Snider

Patricia Tirrell

Dr Zazie Todd

Mara Velez

我也要謝謝我的作家經紀人莉莉・加赫曼尼（Lilly Ghahremani），及兩位編輯克萊兒・普利默（Claire Plimmer）和黛比・查普曼（Debbie Chapman）願意信任我的能力！

衆生系列　JP0191

狗狗想要說什麼：超可愛！汪星人肢體語言超圖解
Doggie Language — A dog lover's guide to understanding your best friend

作　　　者／	程麗蓮（Lili Chin）
譯　　　者／	黃薇菁（Vicki Huang）
責 任 編 輯／	劉昱伶
業　　　務／	顏宏紋

總　編　輯／	張嘉芳
出　　　版／	橡樹林文化
	城邦文化事業股份有限公司
	104 台北市民生東路二段 141 號 5 樓
	電話：(02)2500-7696　傳真：(02)2500-1951
發　　　行／	英屬蓋曼群島商家庭傳媒股份有限公司城邦分公司
	104 台北市中山區民生東路二段 141 號 5 樓
	客服服務專線：(02)25007718；25001991
	24 小時傳眞專線：(02)25001990；25001991
	服務時間：週一至週五上午 09:30 ～ 12:00；下午 13:30 ～ 17:00
	劃撥帳號：19863813　戶名：書虫股份有限公司
	讀者服務信箱：service@readingclub.com.tw
香港發行所／	城邦（香港）出版集團有限公司
	香港灣仔駱克道 193 號東超商業中心 1 樓
	電話：(852)25086231　傳真：(852)25789337
	Email：hkcite@biznetvigator.com
馬新發行所／	城邦（馬新）出版集團【Cité (M) Sdn.Bhd. (458372 U)】
	41, Jalan Radin Anum, Bandar Baru Sri Petaling,
	57000 Kuala Lumpur, Malaysia.
	電話：(603) 90563833　傳真：(603) 90576622
	Email：services@cite.my

內　　　文／	歐陽碧智
封　　　面／	兩棵酸梅
印　　　刷／	韋懋實業有限公司

初版一刷／ 2022 年 2 月
初版二刷／ 2023 年 7 月
ISBN　978-626-95738-1-3
定價／ 400 元

國家圖書館出版品預行編目（CIP）資料

狗狗想要說什麼：超可愛！汪星人肢體語言超圖解／
程麗蓮（Lili Chin）著；黃薇菁（Vicki Huang）譯 . --
初版 . -- 臺北市：橡樹林文化，城邦文化事業股份
有限公司出版：英屬蓋曼群島商家庭傳媒股份有限公司
城邦分公司發行，2022.02
　面；　公分 . --（衆生：JP0191）
　譯自：Doggie language : a dog lover's guide to
　understanding your best friend
　ISBN 978-626-95738-1-3（精裝）

1. 犬　2. 動物心理學　3. 動物行為

437.354　　　　　　　　　　111001039